给孩子的
自然探险图鉴

[俄]莉莉娅·莎布金诺娃　著
[俄]英　娜·科日波罗娃

[俄]奥莉加·博妮塔思　绘

王安娜　译

四川科学技术出版社

图书在版编目（CIP）数据

给孩子的自然探险图鉴/(俄罗斯) 莉莉娅·莎布金诺娃，(俄罗斯) 英娜·科日波罗娃著；(俄罗斯) 奥莉加·博妮塔思绘；王安娜译. --成都：四川科学技术出版社，2021.4

ISBN 978-7-5727-0083-5

Ⅰ.①给… Ⅱ.①莉… ②英… ③奥… ④王… Ⅲ.①探险－儿童读物 Ⅳ.①N8

中国版本图书馆CIP数据核字(2021)第050272号

著作权合同登记图进字21-2021-27号
YOUR FIRST EXPEDITION
© Text, Lilia Shabutdinova and Inna Kozheropova, 2019
© Illustration, Olga Almuhametova, 2019
First published in Russian by MANN, IVANOV and FERBER
Simplified Chinese rights arranged through CA-LINK International LLC

给孩子的自然探险图鉴
GEI HAIZI DE ZIRAN TANXIAN TUJIAN

著　　者　〔俄〕莉莉娅·莎布金诺娃　　〔俄〕英娜·科日波罗娃
绘　　者　〔俄〕奥莉加·博妮塔思
译　　者　王安娜
出 品 人　程佳月
责任编辑　江红丽
助理编辑　潘　甜
封面设计　南京博凯文化发展有限公司
责任出版　欧晓春
出版发行　四川科学技术出版社
　　　　　四川省成都市槐树街2号　邮政编码：610031
　　　　　官方微博：http://weibo.com/sckjcbs
　　　　　官方微信公众号：sckjcbs
　　　　　传真：028-87734035
成品尺寸　180mm×235mm
印　　张　6
字　　数　120千
印　　刷　北京尚唐印刷包装有限公司
版　　次　2021年6月第1版
印　　次　2021年6月第1次印刷
定　　价　60.00元

ISBN 978-7-5727-0083-5

邮购：四川省成都市槐树街2号　邮政编码：610031
电话：028-87734035

目录

第一章
探险准备工作

第二章
探索大自然

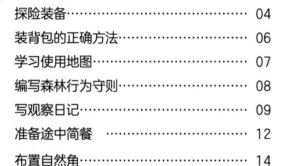

第三章
野外生存技能

第四章
大自然手工作坊

第五章
野外游戏

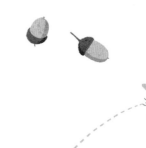

开启大自然探险之旅

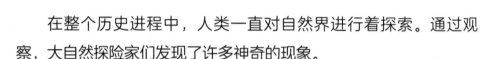

　　在整个历史进程中，人类一直对自然界进行着探索。通过观察，大自然探险家们发现了许多神奇的现象。

　　一个大自然探险家在探索大自然时需要什么工具呢？放大镜、望远镜，还是显微镜？这些东西当然必不可少，但是，这绝对不是最重要的。最重要的是学会观察大自然、了解大自然。

　　研究自然界的方式有很多：读书、看视频、做实验，但最好的方法是——亲自观察。只要跨出家门，你就开启了大自然探险之旅。

　　这本书会教你写观察日记、绘制地图、搭建帐篷、制作手工玩具以及其他很多本领。

让我们开始精彩的
大冒险吧！出发！

第一章

探险准备工作

本章会告诉你探险的必备用品，帮助你为自己的第一次探险做准备。你要学习收拾背包、制作食物、利用指南针确定方向、编写森林行为守则。你还要继承伟大探险家们的传统——写自然观察日记。

探险装备

　　准备探险装备时，要尽可能考虑到细节。首先，要根据天气情况选择衣物，以免冻伤或者中暑；其次，要穿上舒适的鞋子，方便长时间步行；第三，一定要携带防晒霜和防蚊虫的药物；第四，准备营养简餐，再带上一壶水。

　　好奇心和探险精神是一个大自然探险家的重要品质。

探险必备品

用来确定方向的地图和指南针

植物图册

观察鸟兽的望远镜

查看洞穴和树洞的手电筒

笔记本和笔

用来观察细节的放大镜

你的探险用具都有什么？也许，你需要一个捞鱼网；也许，便携式昆虫盒不可或缺；如果你喜欢把自己的发现拍下来，那么你可能需要一部照相机。

编写探险必备品清单

先写下你已经拥有的物品，然后逐步添加新物品。

装背包的正确方法

你可以根据季节、天气、行程时间和交通工具，当然还有你自己的喜好来选择装备。下面我们来说说怎么装一个便于携带的背包。

尖锐物件要用柔软物品包裹后放置，避免行走过程中扎到自己。

试着背一下背包。
注意：贴近背部处应放置柔软物品。

特别提醒：衣物最好卷成筒状。这样衣物就不会产生褶皱，而且节省背包的空间。

经常使用的物品放在背包侧兜。

最重的物品放置在背包底部。

食物必须密封在食品包装袋或者食品保鲜盒中。药物和火柴同样需要用防水材料包裹。

如果你需要长途跋涉，一定要携带地图和指南针。这是非常重要的远足装备。地图可以告诉你目前所处的位置，指南针能帮你找到方向。

一开始，你可能会感觉查看地图是一件很难的事情。其实，只要稍加练习，你使用起地图来就会得心应手。

在学习使用地图时，首先，你要面对行进方向站好。把地图铺平，确认自己的位置。选择身边明显的参照物：河流、湖泊或者道路，并确定其在地图上的位置。

然后，把指南针放在地图上你所在的位置，别忘了打开启动阀。让磁针指向北方的一端与0刻度重合。从指南针中心点到目的地画一条直线。标记直线经过指南针表盘的刻度——这一数字指示着你所需要去的方向。途中你可以随时停下，使用指南针检查行进方向是否正确。

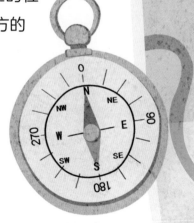

记住一个基本原则：任何一张地图都是上北下南。当然，前提是你没有把地图拿反。

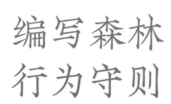

编写森林行为守则

想一想，在森林里什么可以做，什么不可以做。

切记随身带走垃圾。

不在森林中玩火。

不伤害小动物。

笔记本

爱护一草一木。

不掏鸟窝和鸟蛋，否则小鸟就不会回巢了。

→ 添加自己的规则，完善森林行为守则！ ←

所有的旅行家和探险家都有写日记的习惯。他们在日记中记录自己观察到的大自然以及探险经历。英国生物学家达尔文记录的文字至今依然引人入胜。请你继承这一传统，开始记录自己的大自然观察日记吧！

写观察日记

尽量详细地描写观察的事物。可以运用比较、分析的方法。现在记录得越详细，以后翻看时就越有兴致。

争取每天记录大自然发生的现象，哪怕只是只言片语，也要写下来。尝试坚持不间断地写观察日记。

6月17日

画记了啄木鸟

去林中散步

红三叶草花

带洞的小石头

（存放在百宝箱）

采到三朵蘑菇：
两朵牛肝菌和一朵白菇
（是我第一个发现的）

我们来到湖边。爸爸教我们用小石子打水漂。真好玩！不过，我暂时还玩得不太好。

一片奇异的叶子

对动植物的观察最好立刻记录在便携笔记本里，事后再抄到观察日记里。

和朋友们一起交流你观察到的最有意思的内容——这样会更好玩、更快乐。

把最有意思的瞬间尽量画下来或者拍照留存。

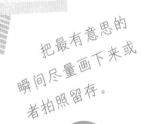

快来填写属于你的大自然观
察日记吧!

准备途中简餐

探险途中，你需要一份可口的营养简餐来快速恢复体力。学习制作可以随身携带的餐点，然后带上它去散步，去远足，去自驾游吧！

这里为你提供几个小食谱。

你也可以发挥自己的想象力创造更多食谱！

简餐的标准：

可以快速制作；

便于携带和存放；

有营养，当然，还要味道好。

1 麦片饼干

材料：

· 两杯燕麦片

· 一杯面粉

· 核桃仁、瓜子仁和各类果干

· 两根熟香蕉压成泥

· 两三勺蜂蜜或枫糖浆

· 一个鸡蛋

· 半杯植物油

· 香料少许

制作方法：

1.烤箱180℃预热10分钟；

2.将各种材料混合在一起，并搅拌均匀；

3.烤盘内放置烘焙纸，把混合物铺在烘焙纸上，抹平表面；

4.烘烤30～35分钟，烤至金黄；

5.烤饼晾温后，切割成条状。

2 苹果干

制作方法：

1. 将3个苹果切成圆形薄片，去除果核；

2. 将苹果片浸入枫糖浆中；

3. 烤箱150℃预热10分钟；

4. 烘烤1.5～2小时。

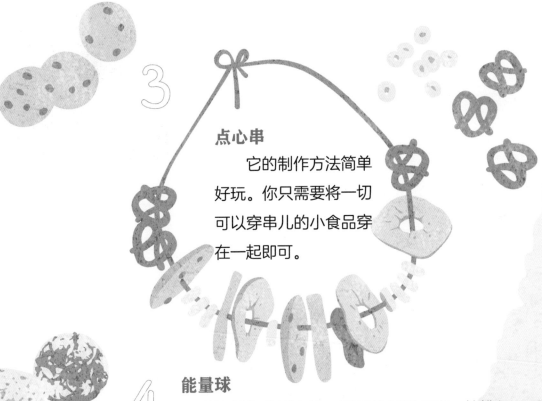

3 点心串

　　它的制作方法简单好玩。你只需要将一切可以穿串儿的小食品穿在一起即可。

4 能量球

　　它的制作非常方便。常见的材料有枣、核桃仁、瓜子仁和果干等。你手头有的东西都可以添加进去。所有材料混合磨碎，加适量的水捏成球形即可。如果再往里面添加可可粉，就会制成营养可口的巧克力球。

布置自然角

外出归来，我们往往会带回一些有趣的"战利品"。旅行中捡到的小玩意儿更是数不胜数！一块带孔洞的小石头、一片布满斑点的羽毛、一颗特大号板栗、一枚被海水"打磨"过的玻璃碎片……把这些宝贝存放在哪里呢？对，要打造自己的自然角！可以利用书桌上方的书架，或者一整个展示柜。

展品

为大自然的珍宝准备一个专门的盒子，最好是有各种纹路和不同色调的木箱。每一件展品可以附上说明文字：这是什么东西，在何时何地获得。

工具

找一个地方专门存放你的探险器具。这块区域要适合放置望远镜、放大镜、地球仪、指南针、显微镜、植物标本夹、哨子、诱饵、标本采集盒以及其他小用具。

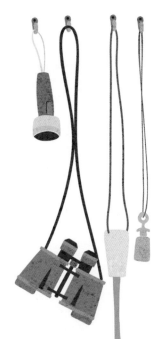

书籍

书架的一层专门用来放置自然类书籍，包括你心爱的植物图册、自然知识手册和地图等。你的大自然观察日记也可以放在这里。

大海的故事　动物世界　做客大森林　一年四季　森林游乐场

把展品、工具和书籍放置在一起，打造一个自然角！

第二章

探索大自然

本章你将学习辨认星座，根据动物的足迹判断动物的类别，按照自然界的征兆预知天气，根据太阳照射下物体影子的移动判断时间……还有许许多多你意想不到的事情！

看征兆 知天气

出门在外，应对天气变化是非常重要的技能。明天天气如何？是要下雨还是会出太阳？是继续赶路还是需要赶快寻找暂时的落脚点？大自然都会给出提示！重要的是我们要善于发现、读懂这些提示。

从前，没有智能手机、互联网、电视、广播预报天气的时候，人们是如何了解天气的呢？

要知道，几百年前的人们就已经学会倾听大自然的述说了。

抬头看看天空，我们可以根据云彩的形状、月亮和露水的状况来预知天气。

云像厚厚棉花团，
早晨出，晚上散，
明日阳光正灿烂。

月光明，天气晴。

羽毛云，大雨淋。
元宝螺母天上飘，
带伞才能不挨浇。

月朦胧，
天不下雨就起风。

清早雾浓露水重，白日阳光亮又明。露水无，雨水足。

燕子低飞要下雨，燕子高飞艳阳照。

飞禽、昆虫等动物对天气的变化非常敏感。你要仔细地观察它们哦！

蜜蜂归巢慢，来日好天气。蜜蜂归来忙，大雨从天降。

蝈蝈知了夜晚叫，明日天气是晴好。

植物中也有天然晴雨表。某些植物的花朵会在下雨前及时合拢。

下雨的第一个征兆——白天有些花朵的花瓣不展开。

晴天的花

雨前的花

观察金盏花张开花瓣的时间，也可以预测天气哦！

红三叶草

睡莲

金盏花

下雨前，红三叶草会合拢叶片，睡莲也不开花。

古时候，我们的祖先根据太阳照射下物体影子的移动来判断时间。现在，你只需要用一根棍子和一堆小石头就可以制作出最简单的太阳钟。

制作太阳钟

1 选择一处一整天日照都良好的地方。把地面清理干净。把棍子的一端插入土地，并稍稍偏向北方。如果你位于南半球，就将棍子稍稍偏向南方。

2 如果你想把太阳钟上的一圈时间都确定下来，就得早早起床。早晨七点整的时候去看一下棍子。把一块小石头放在棍子的影子所在的位置。

3 在八点、九点等整点时刻，分别用石头标记影子的位置，直到太阳下山。小石头最终会排成一个圈，就像钟表盘上的时间刻度。

4 可以在小石头上写下相应的时间。

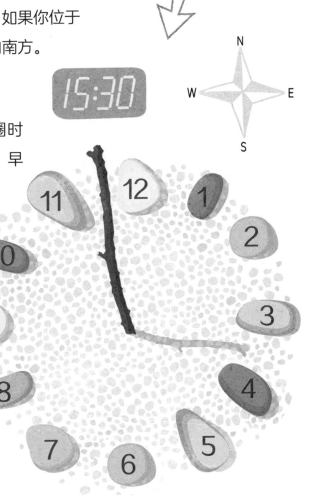

注意：影子是按照顺时针方向移动的。

自制气压计

气压计是测量大气压的仪器，它可以用来预测天气的变化。你可以亲手制作一个简单的气压计。

制作材料

· 玻璃罐或者玻璃杯
· 气球
· 吸管
· 剪刀
· 两个橡皮圈
· 胶水或者胶带
· 白色的厚纸片
· 记号笔

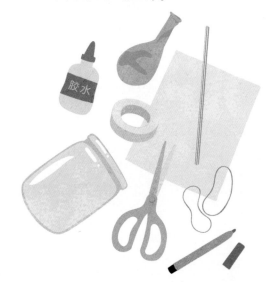

1 取一个气球，用剪刀剪去尾部（细窄部分）。

2 将气球罩在玻璃罐上，表面要抻平，边缘紧贴罐子的细颈处。

3 将两个橡皮圈套在细颈处，紧紧勒住气球边缘，固定气球。这样才能保证你的气压计是密封的。

4 取一根吸管。将其一端斜着剪掉，形成箭头状。

5 用胶水或者胶带将吸管固定在气球中心部位。吸管箭头状的一端要探出玻璃罐边缘之外。

6 把白色的厚纸片贴在墙壁上，玻璃罐放在旁边。转动罐子，让吸管的箭头状的一端指向纸片，但不接触。之后不要碰触和移动罐子。

7　时不时查看箭头的位置是否发生移动。只要气压上升，大气对气球的压力就会加大，气球会瘪掉，箭头就会上移。如果气压开始下降，瓶子里面气压高，外面气压低，气球就会鼓起来，箭头随之下移。几天之内就能得到一个压力范围表，用记号笔标出相应的高压和低压。

8　观察气压变化和外界环境的关系。气压上升或下降，天气有什么变化呢？规律是阴雨天气压低，晴天气压高。请你验证一下，事实是否如此。

辨认动物
的脚印

小型啮齿类动物的脚印之间有尾巴划过的痕迹。

在野外，你要注意观察脚下，试着找一找动物留下的脚印。雪地上的脚印是最容易辨认的，其他季节也各有一些特别的标志。只要你认真查看，一定会发现蛛丝马迹。

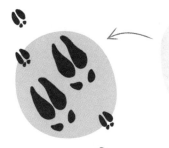

松鼠的脚印往往出现于树木生长较为稀疏的林中。

根据动物的脚印可以知道有哪些动物走过这片树林。

野兔的脚印最有特点，呈T形：两个前爪印一前一后，两个长形后爪印并列，而且后爪印在前，前爪印在后。

如果你看见的脚印很像牛蹄子印，但是要大得多，那么，毫无疑问那是驼鹿留下的。

根据足迹可以判断动物的去向以及途经此地的时间。取一根细枝条，轻轻划过雪地上的足印。如果足印松散掉了，就说明是刚刚留下的；如果足印没有变化，那么它至少有一天一夜了。

熊的脚印一眼就能看出来。熊体型庞大，走过雪地或者泥地时，很难不留下痕迹。它的足印总是很完整，五根趾头和趾甲都清晰可辨。

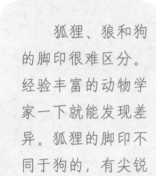

狐狸、狼和狗的脚印很难区分。经验丰富的动物学家一下就能发现差异。狐狸的脚印不同于狗的，有尖锐的趾甲印。

另外，狐狸脚印深浅均匀，整齐，成一条线。狼的脚印要大一些，前趾和后趾之间有明显的空隙。

主动向当地人询问，了解你们所在地区的野生动物的种类及其足迹形状，然后亲自观察验证。把你了解到的信息记录到观察日记中，并绘图说明。

是谁吃了松果

很多动物都以松果为食。如果你在林中发现了被吃过的松果，一定要仔细查看一下。

松鼠用爪子捧着松果，一边旋转，一边一片一片地啃下鳞片。在松鼠进食的树下，你可以发现成堆的松果鳞片和被啃成毛笔形状的松果芯柱。

老鼠啃食过的松果像是被剔掉了一半。

啄木鸟会把松果叼到树上，塞在树木的缝隙中，然后用喙啄掉松果鳞片，获取松子。所以，啄木鸟啄食过的松果看起来破破烂烂的。

在晴朗的夜晚，当你抬头仰望夜空时，就会看见许许多多的星群。古时候，人们就已经将星群划分为星座，并用神话故事中的人物或动物的名字来为之命名。

研究星空图

恒星是能发光的球状或类球状天体，由气体组成。

国际天文学联合会官方认证的星座一共有88个。

试着记住其中一些星座的名称，找到它们在天上的位置吧！

观察星空的最佳时机是晴朗的夜晚，观测地点要选择视野开阔的地方，比如田野。

海豚座

星座——天文学上为了研究的方便，把星空分为若干区域，每一区域叫作一个星座，有时也指每个区域中的一群星星。

天鹅座

大熊座

　　这是最容易辨认的星座。其实，我们习惯上说的大熊座往往只是其中最亮的七颗星星，也是我们常说的北斗七星，它们组成了一个长柄勺子的图案。

勺柄上倒数第二颗星就是北斗六，叫开阳。

小熊座

北极星

北斗六旁边有一颗稍暗的不易辨认的辅星，就是大熊座80星。据说能够看见它的人，拥有绝佳的视力。你也来试试看吧！

大熊座80星

开阳（北斗六）

摇光（北斗七）

玉衡（北斗五）

大熊座

天权（北斗四）

天玑（北斗三）

天枢（北斗一）

天璇（北斗二）

如何找到北极星？

学会了辨认大熊座，找到北极星轻而易举。北斗星的勺子前部由天枢(北斗一)和天璇(北斗二)两颗星组成。想象着用一条直线把两颗星连接起来并向天枢方向延长约5倍，就会看到另一个勺子形状的星座，即小熊座。勺柄上有一颗最亮的星。这就是北极星。

仙后座

小熊座

北极星属于小熊座。小熊座也像一把勺子，不过勺柄方向正好和大熊座相反。

天龙座

天龙座就像一条蛟龙盘旋在大熊座、小熊座与武仙座之间。

仙后座

仙后座与大熊座遥遥相对，是一个容易辨认的星座，其五颗最亮的星星组成一个M（或W）形状。

南十字座

北极星正好位于北极上空，是天然的指南针。也就是说，看着北极星，前面是北，后面是南，右边是东，左边是西。不过北极星只有在北半球才能看到，在南半球指示方向的是南十字座。这个星座有5颗星，其中4颗组成一个十字架，另外一颗在交叉点旁。

猜星座

如果你所在的城市有天文馆或者天文台，就去参观一下吧！你一定会收获满满的。

自己动手制作一个手电筒星座板。将卡纸剪成圆形，在上面画出你知道的星座，然后用锥子或者刀尖在星星处扎孔。

星座板做好之后，利用手电筒把星座的样子照在墙上。这样你就可以和父母或者朋友们一起玩"猜星座"的游戏啦！

如果你身处野外，手边没有手电筒，那就在石头上画出星星，组成星座吧！

熟悉环境，绘制地图

1 确定地图的功能用途

开始前，要问自己，这张地图的用途是什么？这一点决定了地图的比例尺大小、细节详略，以及决定使用哪些标识。

2 画轮廓

在卡纸上绘制水域和陆地的边界。先用铅笔勾勒出大致轮廓，然后细致地描摹界线。

3 绘制细节

从大型物体画起，然后渲染细节。

4 上色

颜色可以有一定的标识意义，也可以只是为了美观。

5 编图例

单独画出有意义的标识。也就是通常所说的地图的图例，是地图的说明，用来解释地图中标识的意义。

6 添加比例尺，画上指南针

在地图底部标出比例尺。利用比例尺可以知道地图上的景物与实际景物间的比例关系。在地图的空白处画上指南针，标出基本方向。

池塘

野生
苹果树

树林

这是小松鼠的家

石块

沙滩

树林

蚂蚁窝

奇特的树

小桥

农场

32

爷爷的蜂场

奶奶的果园

我种的菜

我的村庄（图例）

 草丛

 针叶林

 阔叶木

 果树

蔬菜

道路

秘密小道

 蜂箱

比例尺
1：500
（不包括所有的物件）

33

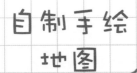

自制手绘
地图

确定你要画的区域，可以是你家的院子、小区或者附近的公园。

绘制地图，标出好玩的地点和事物。

逛一逛，瞧一瞧。找到这一地区与众不同的地方。也许是一棵形状奇异的树，也许是一个松鼠藏身的树洞，又或者是野鸭子聚集的池塘。

你可以找一位亲戚或者朋友，让他拿着你的地图，把这个地方走一遍，找到你标记的宝藏。

第三章

野外生存技能

本章讲述了很多生存技能，能让你在野外活动中更加游刃有余。比如：怎样获取饮用水？在林中用什么搭建棚子？如何不用火柴生火？这些只是你要学习的一小部分。

获取饮用水

没有水，人就无法生存。
下面我们来了解一下野外求生
时取水的方法吧！

方法一：植物取水法

取一个干净的塑料袋，把
树枝连叶套起来，然后扎紧袋
口。几小时以后，袋子底部就
会收集到水。

方法二：雨水收集法

你需要一大块塑料布。塑料布的一
端固定在侧斜出的树枝上，让布悬在树枝
下，下面放置容器，收集雨水。

水的过滤

煮沸收集来的水。但是，这个方法不能去除全部的有害物质。在野外没有净化系统的时候，你可以利用"天然植物净化剂"。

针叶木的树枝

橡树皮

针叶木具有良好的净化功能。如松树、杉树、柏树等都适合做净化剂。

取一簇针叶木的鲜枝叶，置于一桶水中，熬煮半小时。加入橡树皮或者柳树皮，再煮15～20分钟。待水冷却后，小心地将上层水用几层纱布或者一块干净的手帕过滤，再倒进清洁的容器中。

地衣

地衣也具有同样的功能。将一捧地衣洗干净，撒入水中，煮沸20～30分钟。地衣晾干以后可以长期存放，反复使用，非常方便。

需要注意的是，这种方法也不能滤去所有的有害物质，只适合在紧急情况下使用。

搭建帐篷

如何选择支帐篷的最佳地点？

这个地方应该要既方便又安全：干燥、平整、避风，最好距离水源不远，还要能看到太阳升起。

不要把帐篷支在树下：刮大风时，掉下来的枝条可能会损毁帐篷。

不要在有高空坠物、泥石流、雪崩等风险的地方安营扎寨。

不要在洼地搭建帐篷。因为下雨时，洼地里的帐篷可能会被水淹没。

最便捷的方法是选择设施齐备的现成营地。

远足时，其实不是非住帐篷不可，你还可以自己动手搭建"林中小屋"！

简易快捷的窝棚

先找一棵带分杈的大树，再取一根结实的长木桩搭在分杈处，然后往木桩上搭一些木棍，一端插入土中用以固定。最后，在木棍上铺一层带树叶的枝条。你的"林中小屋"就建好啦！

木头帐篷

需要两根约1.5米长、带分杈的结实木桩，一端钉入地里。另取一根横杆搭在木桩的分杈上。再分别从两边搭上长度适合的木棍，木棍之间穿插一些树枝，木头帐篷就搭好了。

被子和床

在帐篷里，你可以用毛绒绒的柏树枝叶或者稻草铺床铺。你还可以用高高的茅草和柔软的椴树皮编织被子和床单。

柳兰

蒲草

如何制作枕头呢？

任何干净的麻布口袋都可以用来做枕头套，里面装满枯草或者干柳兰花瓣就可以了。此外，还可以利用生长在水边的蒲草果实——蒲棒的绒毛做枕芯。

雪屋

多雪的冬天里，你还可以盖雪屋。雪屋是北极地区因纽特人的住房，它是由一块块雪砖垒砌而成的。虽然雪是冰凉的，但是正确搭建的雪屋却可以防风御寒。

你知道吗？用处不同，篝火的摆放方式也不尽相同。有的适于烹饪食物；有的适于烘烤衣物；有的适于夜间取暖，燃烧一夜都不用加柴。

学习生篝火

接下来你将了解：如何做篝火台？如何选择柴火？如何取火？什么叫引柴？什么叫引火棒？不过，在此之前，我们先来学习一下安全守则。

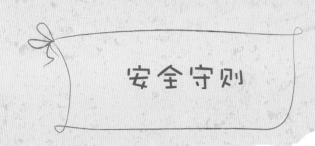

安全守则

1 不要在公园（除非有专门指定的地点）和自然保护区生篝火。

2 远离泥煤田。泥煤一旦开始燃烧，就无法扑灭。也不能在干旱时期，或者火警高危地区生篝火。

3 认真挑选生火地点，正确清理周围杂物。注意远离树木，避免烧到树木根系。

4 有沙子、石头或者裸露的地面适合生篝火。不过，以防万一，旁边也要备好一桶水。

[**如何正确熄灭篝火？**

先用水仔细将火浇灭，然后挪开已经炭化的柴火，把水浇到火堆底部。之后，把木炭移回原处，覆上之前铲除的草皮层，然后再认真浇一遍水。]

爱护森林，
预防火灾！

学习完理论，有机会的时候，就可以实践啦！

三个要素

首先记住火三角原则。生篝火需要三个要素：火源、燃料和氧气。

1 做篝火台

清除该处的垃圾、干草和枯叶。如果地表有雪，或者雨后地表比较潮湿，最好先铺一层松枝、石头或者柴火，再撒上土，篝火台就做好了。

2 准备引柴

在火引上面覆上细小的枝条。

3 加柴火

火着起来以后，就可以加柴火了。不要用针叶木作柴火，因为它们的松油燃烧时会迸溅火星。较好的柴火是桦木，易燃且热量高。

火引

任何易燃的材料，如干草、绒絮、蜡纸等。

引柴

通常指的是细小枝条和碎木屑，用来点燃更大块的柴火。

可以做火引和引柴的材料

干草和干地衣

枯叶

多孔菌类

树皮

引火棒

可以事先准备好专门的引火棒并随身携带。将干燥的小木棒刮出刨花，这样容易点燃篝火。

篝火的摆放方式

"棚式"

　　这是最简单，也是最常见的方式。将柴火搭成小棚子的样子，中间放置火引和引柴，上方放置粗一些的劈柴。从底部点燃篝火。

　　优点：燃烧充分，产生热量多。适合烹饪和烘烤衣物。

　　缺点：柴火消耗量大。

"井式"

　　把劈柴相互搭在一起，形成一个井口形状的架子。

　　优点：垂直火力，这样的火焰更稳定，而且温度高。非常适用于烹饪食物，便于放置锅具。

　　缺点：劈柴燃烧殆尽时，架子就散了。

"星状"

　　劈柴摆成一圈，引柴放在中间。观察燃烧进度，将劈柴向中心点推。

　　优点：节约柴火。在不补充燃料的情况下，劈柴可以长时间维持篝火燃烧。

　　缺点：必须时刻关注篝火，及时推动劈柴。

"垒式"

两三根粗原木垒在一起。

优点： 节省燃料，热量高。适合冬季取暖。

缺点： 需要粗大原木。

"芬兰蜡烛"

选择直径30～50厘米的大木墩做"蜡烛"。让木墩直立，从中锯开或劈开至四分之三处。一般是分割为二、四、六或者八份，从木墩内部点燃。如果是烹饪食物，最好选取短且宽的劈柴，方便放置锅具。如果是为了营地照明，就需要做一根又细又长的"蜡烛"。

优点： 节省燃料，热量高。适合冬季取暖。

缺点： 需要粗大原木。

没有火柴和打火机，如何取火？

利用放大镜

这个办法只能在晴天使用。你需要灿烂的阳光、火引和凸透镜（普通放大镜、照相机镜片、老花眼镜片等）。

备好火引。在太阳下，用放大镜对准火引，静候一段时间。待有青烟冒出时，用嘴吹气，温度瞬间上升，火苗就燃烧起来了。

摩擦取火

摩擦取火的方式有很多。其中一种就是钻木取火，所用工具是一根硬质木棍和一块质地柔软的带坑洞的木块。把火引散放在坑洞里，插入木棍。双手夹住木棍，然后快速搓动手掌，带动木棍旋转，摩擦起火。

还有一种摩擦起火的方法是火犁法。在质地柔软的木块上划一道沟痕，用双手压着质地坚硬的木棍沿着沟痕来回划动。由于摩擦会产生碎末并燃烧，以此可以用来点燃引柴。

质地柔软的木材有松树、云杉、冷杉等。质地坚硬的木材有橡树、山毛榉、白蜡、桦树等。

给绳索打结是旅行家必须掌握的本领，否则就无法支帐篷、搭窝棚、扎筏子。

给绳索打结的用途有很多：结绳套、连接绳索、捆绑物品、把绳索固定在其他物体上等。

有一些绳结很复杂，只有在专业人士的指导下才能学会。有一些绳结比较简单，你很容易自学掌握。取一根绳子，试试打一下基本的绳结吧！

简易结

这个名字可不是白取的。随便让一个人打结，他想都不想就可以打出来。简易结往往起着加固的作用，相当于其他结的基础，能避免绳结散开。

平结

连接两根相同的绳索就用平结。这个打结方式不适用于直径和材质不同的绳索。为了加固绳结，最好在绳子的两端都打个简易结。

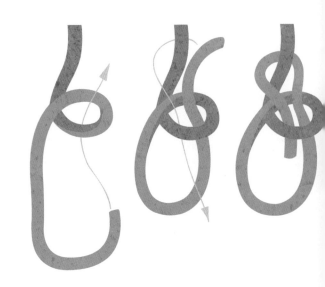

单套结

　　单套结简单实用，可以单手打成，松解时也较为简单。提重物的时候就可以打单套结。

双套结

　　这种绳结易结易解，不但坚固，而且灵活，在生活中应用广泛，比如要把绳子绑在树枝上就可以打双套结。

普通尼龙绳手链不仅是一件漂亮的首饰，必要时，它还可以被轻松地拆解开，变成一条结实的长绳，故称作"救生手链"。

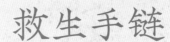

救生手链

尼龙绳又轻又结实，最初曾用来制造降落伞吊伞索。

你需要

· 3米长尼龙绳
· 火柴或者打火机
· 锥子

1 截取3米长的尼龙绳，用打火机烧焦两端。

2 量取手链的长度。把绳子对折后围绕手腕一圈。你可以在绳子上做个临时标记。

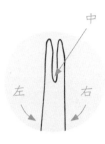

中

左　右

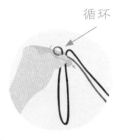

循环

3 将绳子放在桌子上，让标记的长度处于中间位置，其余部分弯曲垂下。

4 垂下的左端经中间部分上方引向右边，右端与左端十字交叉后，经中间部分下方向左钻进左端形成的绳套中，然后拉紧绳结。这个结越结实，最后编成的手链就越平整。

5 重复刚才的动作，但方向相反，从右向左。

6 就这样将绳子左右两端交替穿插，直到编到需要的长度。这就是手链的主体部分。最后，手链的末端会剩下一个小小的环扣。

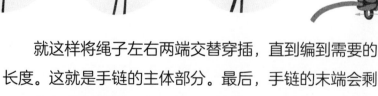

 绳子的左端从上往下穿过这个小环扣（可以利用锥子推进绳子），然后右端自下而上穿过左端形成的绳套。拉紧。

8 现在将手链对折。左端穿过右侧，右端穿过左侧环扣。然后按照下面的分步图完成收尾工作。

9 按照图示打结并拉紧。剪去剩余部分，烧焦末端。手链就做好啦！

标识

旅行者经常利用专门的记号——特殊路标来标记路线。人们按照路上的记号行走就不会迷路。

标识可以用白灰块、煤块画出来，可以用棍子在泥土或沙子上划出来，也可以用石头、树枝和草叶拼出来。

通常情况下，路标会设置在道路的右侧。
下面是世界通用路标。

直行					
左拐					
右拐					
停！止步！					
此处有饮用水		此水不可饮用			

试着开辟一条新路，设置好路标。
让朋友们按照你的路标到达指定的集合地点。

国际通用求救信号

在人们遇到危险时，还有一些标识可以用来向空中救援传达信息。

为了便于空中救援人员辨认，这些标识需要足够大，一般长10米左右，宽不低于2米。

利用手边的材料在平整的地面上摆放好标识。标识与地面的对比越强烈越好。在雪地上用煤灰渣、木炭灰或者松枝；在草地上用翻过来的草皮；还可以用衣物或颜色鲜艳的布料拼出标识。

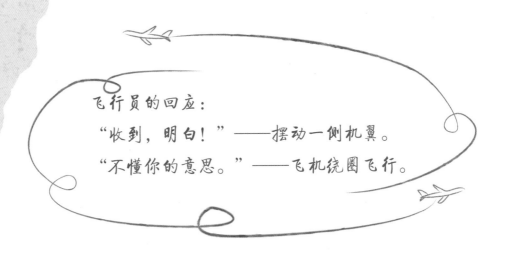

飞行员的回应：

"收到，明白！"——摆动一侧机翼。

"不懂你的意思。"——飞机绕圈飞行。

切记：只有在真正的危急时刻，比如你的健康状况和生命安全受到威胁时，才可以发出求救信号。

这些求救信号一定要牢记！

I	**"需要医生"** 最简单的符号——1个长方形。
II	**"需要药品"** 两个并列的一模一样的长方形。
F	**"需要食物和水"** 符号是拉丁字母F，就是英语单词FOOD（食物）的首字母。
Y	**"是的"** 这个符号是拉丁字母Y，就是英语单词YES（是的）的首字母。
N	**"不"** 这个符号是拉丁字母N，是英语单词NO（不是）的首字母。
LL	**"一切都好"** 两个大写拉丁字母LL，源于英语ALL RIGHT（一切正常）。
JL	**"没懂，不明白"** 字母L需要镜像呈现。
△	**"安全降落地点"** 一个等腰三角形。
↑	**"我们前往那里"** 一个大箭头指示行进方向。
SOS	**"SOS"** 众所周知的求救信号。

第四章

大自然手工作坊

远足途中，从大自然获取的"宝贝"是绝好的手工制作材料。利用这些材料可以制作许许多多好玩好用的东西呢！在本章，你将了解手杖的用途，还要学习制作弓箭和小玩具，为林中小鸟准备食物。

完美的手杖

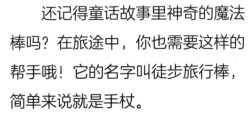

还记得童话故事里神奇的魔法棒吗？在旅途中，你也需要这样的帮手哦！它的名字叫徒步旅行棒，简单来说就是手杖。

完美的手杖要求使用方便，高矮适宜，轻便结实。

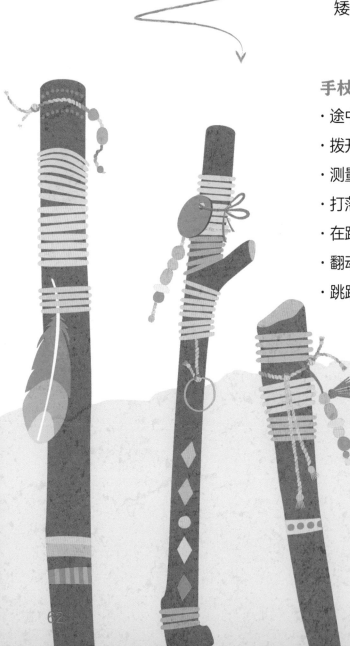

手杖的用途

· 途中挂靠

· 拨开树枝和高高的野草

· 测量积雪和水的深度

· 打落树上的果实

· 在路上画路标

· 翻动落叶

· 跳跃沟渠的撑杆

相信你还会想出手杖的其他用途。为了让手杖看起来更有特色，你可以在手杖上涂色、刻花纹，系上各色细绳、羽毛和珠串。

弹弓是最简单的投掷工具，由木制支架和牛皮等材料组成。

需要的材料
· Y形树枝
· 两条皮筋
· 一块长10厘米，宽5厘米的牛皮
· 小刀

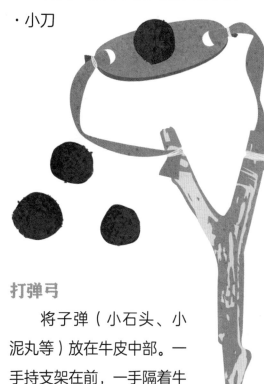

打弹弓

将子弹（小石头、小泥丸等）放在牛皮中部。一手持支架在前，一手隔着牛皮捏住子弹向后拉紧皮筋。瞄准目标，松开手，弹射！

制作弹弓

1 取Y形树枝，主干的直径不小于2厘米。

2 除去多余的枝叶，剥去树皮，制成一个15~20厘米长的支架。

3 分别在距离两个分叉末端大约2厘米的地方做环状刻痕，以便使皮筋卡得更牢固。

4 拿出准备好的牛皮，在距离牛皮两端1.5厘米处各挖一个小孔。这块牛皮就是安放子弹的地方。

5 取两条皮筋，皮筋的一端穿过牛皮上的小孔，另一端绑在支架上的环状刻痕上，弹弓就做好了。

不要对着人或者动物弹射！弹弓可以用来把种子发射到人类不易进入的区域。

制作弓箭

弓箭是人类历史上最古老的武器之一。如何做一套简易的弓箭呢？

需要的材料

· 1.5～2米长的树枝，柔韧性要好

· 50～60厘米长的树枝，要又细又直

· 小刀

· 尼龙绳或者其他细绳

· 羽毛

· 线

1 取1.5～2米长的树枝作为弓臂，除去枝叶，让弓臂光滑。不要选取过于干燥的树枝。

2 在距离弓臂两端2.5～5厘米的地方做环状刻痕，刻痕的深度要适宜，既要便于固定弓弦，又要注意不要过深，以免损伤弓臂。

3 取尼龙绳或者细绳作为弓弦，长度需短于弓臂。先将绳子系在弓臂的一端，然后拉弓箭，使弓臂弯曲，再将绳子系在弓臂的另一端。

现在该做箭了。取若干条50~60厘米长、又细又直的干燥树枝。将树枝的一端削尖，在另一端做一个小缺口。

为了让箭准确地飞向目标，需要安装箭羽。把箭杆尾部敲碎，取一支较大的、比较硬挺的羽毛插入缝隙，然后用线紧紧缠住。

一定要严格遵守安全规则！不要对着人和动物射箭。

射箭

左手持弓，右手将弓弦顶在箭杆尾部的缺口里，左手的大拇指自然地搭在箭杆上。

将弓竖立起来。右手两根手指捏箭，连带弓弦向后拉，直到箭尖与弓臂持平。松开弓弦，箭就会飞出。

爷爷奶奶们真厉害！他们能用槐树的嫩枝条做个哨子，或者用芦苇编一只小船！那你呢？会做玩具吗？学会制作玩具，让你的旅途好玩起来！

树叶王冠

制作简单，材料易采集。

· 采集漂亮的枫叶。

· 去掉叶柄末端较粗的部分。

· 在叶片的三分之一处折叠。

· 另取一片叶子，按同样的方式折叠后，将第二片叶子的叶柄插入第一片叶子的重叠部分。

· 按上述方法依次添加叶子，"缝"成一条长长的"带子"。如果长度不够，可以继续添加叶子。

· 按照同样的方式从另一面继续插入叶片。

· 把"带子"弯曲成圆形，将最后一片叶子的叶柄插入第一片叶子。你的树叶王冠制作完毕！

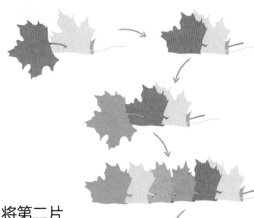

虞美人花仙

用虞美人做小花仙非常简单。小心地把摘下来的花朵向下翻转。用小木棍刺穿花朵，将小木棍当作小花仙的胳膊。用草叶做一条腰带，系在花朵的三分之一处。

木棍小矮人

斜切树枝，用不同颜色的笔在树枝的斜切面上分别画上眼睛、大胡子和红帽子。粗壮的树枝摇身一变，成了可爱的小矮人！

橡果人偶

橡果、栗子等坚果非常适合用来拼接人偶。人偶的各个部分可以用双面胶或胶水粘贴固定，也可以用小棍或者牙签连接。

你还可以

· 编花环。

· 用玉米棒的外皮做娃娃。

· 用豌豆荚和芦苇叶制作小船（叶子的尖端刺入"船"的中心点）。

· 用草叶吹出哨音。

· 用松果和栗子做小动物。

救助小鸟

寒冷的季节里，可以为小鸟制作特别的食物。春夏时节，你需要给小鸟准备一个家。

制作鸟食

你可以在宠物店里购买现成的鸟食，也可以自己亲手为小鸟制作简单的食物。

制作鸟食的材料

- 种子混合物
- 松塔、面包干、大面包圈等
- 一次性纸餐盘
- 糨糊
- 丝带
- 毛刷笔

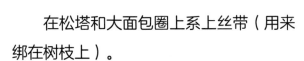

 在松塔和大面包圈上系上丝带（用来绑在树枝上）。

2 用毛刷笔把糨糊涂在松塔和面包圈表面，然后把它们置于种子混合物中，尽量沾满。放在纸餐盘上晾干。

3 等糨糊干透，鸟食就制作完成了。

给小鸟一个家

春夏时节，一个装着筑巢材料的篮子备受青睐。

1 首先要搜集适合的筑巢材料：线、绳、布等都可以。最好利用麻、树皮、椰棕等天然材料。

2 把所有材料揉成一团，用线或者细金属丝固定。

3 用平嘴钳截取一段长40～50厘米的金属丝，缠绕在缸状硬物上定型。另取一段20厘米左右的金属丝，穿过模型的侧壁，做个底部，然后再穿过另一侧。最后，将金属丝两端拧在一起，形成一个小环扣，作为提手。把筑巢材料放进模型中，一个完美的鸟巢就大功告成啦！

小鸟可以吃

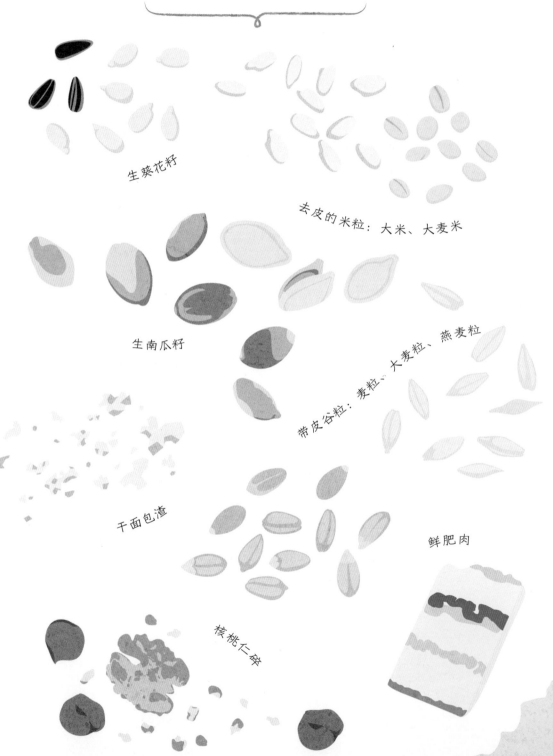

生葵花籽

去皮的米粒：大米、大麦米

生南瓜籽

带皮谷粒：麦粒、大麦粒、燕麦粒

干面包渣

鲜肥肉

核桃仁碎

小鸟最好不要吃

荞麦粒

黑麦面包

新鲜白面包

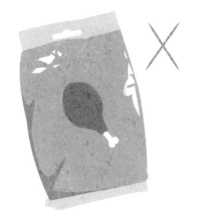

咸味和油炸食品

黄米（黏性米）

制造
"种子炸弹"

种花、养花不一定需要有自己的花园。可以加入到"游击园丁"的队伍中。

游击园艺

在荒地或者非公共绿化区域进行绿化种植活动。

你可以在废弃的花坛，或者儿童游乐场的角落种花，然后悉心照料它们，打造自己的秘密小花园。

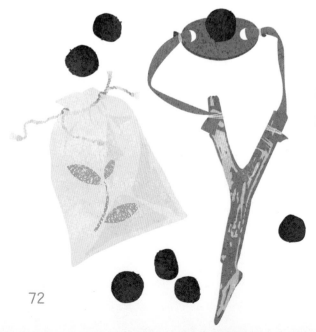

"游击园丁"的行动之一就是"绿色轰炸"：向无法进入的区域投射"种子炸弹"（用植物种子和泥土团成的弹丸）。

1 　　准备植物的种子。最适合做"种子炸弹"的是本地常见的野花的种子。比如易发芽、易生存的矢车菊、三色堇、薰衣草等。

　　不要用强侵略性植物的种子制作"种子炸弹"，如蒲公英、常春藤等。这些植物根系具有破坏性，会侵占全部领域，不给其他植物留生存之地。

2 　　准备制作种子的载体——"种子炸弹"。有经验的园艺师推荐配方：5份黏土、3份肥料、1份种子和1份水。混合全部材料，团成弹丸，晾干。大功告成！

你可以利用弹弓投射"种子炸弹"哦！

第五章

野外游戏

本章内容是你最喜欢的游戏环节。你知道吗？在一些国家甚至会举办漂流木或者打水漂游戏的锦标赛呢！在这一章中，你还会学到怎样观察鸟类，赶快来看看吧！

漂流木
游戏

漂流木游戏，顾名思义，就是一种把木头放到水上漂的娱乐项目。

选什么样的木棍才能赢？

1 完美的漂流木应该：

· 要足够重

· 要短

· 两端截面要参差不齐

· 要带树皮

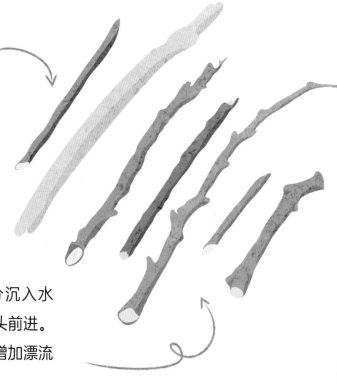

2 重的木头会有一部分沉入水中，有力的水流会推动木头前进。粗糙的截面和树皮有助于增加漂流的稳定性。

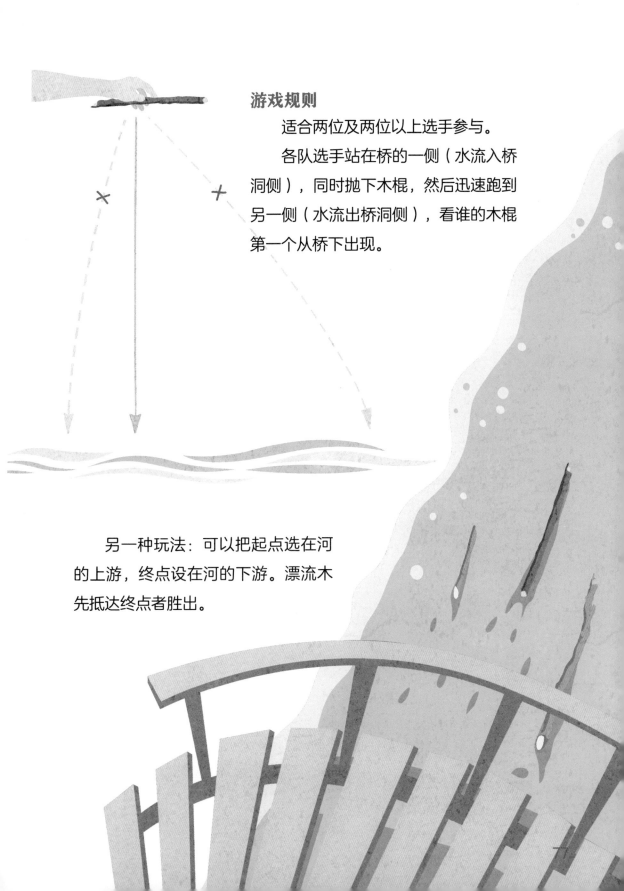

游戏规则

　　适合两位及两位以上选手参与。

　　各队选手站在桥的一侧（水流入桥洞侧），同时抛下木棍，然后迅速跑到另一侧（水流出桥洞侧），看谁的木棍第一个从桥下出现。

　　另一种玩法：可以把起点选在河的上游，终点设在河的下游。漂流木先抵达终点者胜出。

打水漂

这是一个适合在河边或者湖边玩的好游戏!

你的任务就是把扁平的石子抛向水面,让石子不立刻沉没,而是在水面跳跃前进。石子跳的次数越多越好。

1 打水漂的地点:水平如镜的河或者湖。最好岸边有足够量的符合要求的石子。

2 找石子。石子应该是扁平且薄,呈圆形。石子越扁,在水面上跳跃的能力越强。

3 正确持石子。用右手或者左手的大拇指和中指上下夹住石子,食指放在石子的边缘处。

4 准备投掷动作。如果你习惯用右手，就把左侧身体对着水面，稍稍屈一下膝盖。如果你习惯用左手，那么所做的动作就正好相反。

5 将石子旋转抛出，力求石子扁平面与水面平行。

6 要大幅摆动手臂。手臂扬起，划完整弧线，"甩出"石子。

7 用各种形状、尺寸的石子做实验，练习自己打水漂的技术。

打水漂的吉尼斯世界纪录中，一块石子竟然能跳跃88次！

桌面游戏

如果你喜欢搜集光滑的扁平石头，那你一定会喜欢这个游戏。我们可以利用石头来制作桌面游戏道具。如果没有石头，可以用木块或者贝壳代替。

有故事的石头

可以按照主题，比如"野餐""远足""海洋"等，分配石头的角色。按照下面的指导，在石头上画上图案，或者准备一张带图案的纸片，剪下纸片上的图案，粘贴在石头上。

你需要

· 光滑的石头
· 毛巾
· 带图案的纸片
· 剪刀
· 粘贴画专用胶水
· 油画笔
· 刷子
· 肥皂

1 用刷子和肥皂把石头清洗干净，放在毛巾上晾干。

2 构思人物和物件。

3 选择适合的石头，打底稿。

4 剪下纸片上的图案。

5 在石头上涂一层薄薄的胶水，粘好图案，再刷一层胶水。然后抚平褶皱和气泡。

6 把石头置于平坦处晾干。

还有其他制作方法：用油画笔在石头上画图案或粘便利贴。

游戏规则

把石头装进小口袋。讲述自己的故事时，从口袋中逐一掏出石头，把新出现的人物或者物件编进故事里。

这个游戏道具可以随身携带，在任何地方都可以玩。

垒石头塔

有些旅行者每到一处纪念地，都会用垒石头塔的方式来许愿。

在冰岛，有这样的说法：垒石头塔可以给自己带来好运。

有时，登山者会把石头塔摆放在经过路线的关键点。

游戏简单有趣，随时随地都可以玩！

三子棋

丙烯颜料

你需要

· 10块扁平的石头
· 记号笔或者丙烯颜料
· 油画笔
· 格尺
· 粗布袋子

把石头平均分成两组。一组石头上面画×，另一组石头上面画○。在粗布袋子上画出九格棋盘。你还可以直接把棋盘画在地面上、沙滩上或者雪地上。如果没有合适的石头，你手边的任何东西都可以充当棋子：松塔、贝壳、栗子……

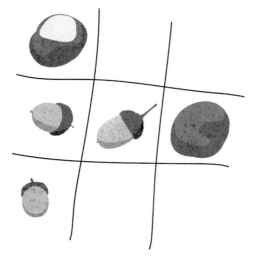

游戏规则

两个棋手轮流往棋盘的空格处放棋子。持×子者先出子。每个棋手的目的是占据三个连成一线的格子。无论横向、竖向还是对角线方向，先把格子连成一线的棋手胜出。

观察飞禽

观鸟，就是在自然条件下用眼睛"追踪"飞禽。这就好像是一个间谍游戏，你要偷偷地跟踪警觉性很高的鸟儿，给它们拍照或者画速写。

仅仅观察小鸟是不够的。重要的是完成观鸟记录：名称、数量、生活习性。你也可以把自己的观鸟记录提供给鸟类学家。

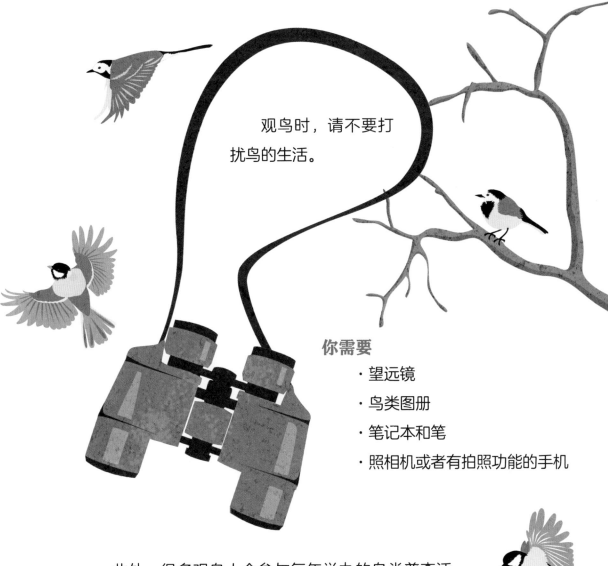

观鸟时，请不要打扰鸟的生活。

你需要

· 望远镜
· 鸟类图册
· 笔记本和笔
· 照相机或者有拍照功能的手机

此外，很多观鸟人会参与每年举办的鸟类普查活动，甚至进行比赛。参加者的任务是在一定时间内尽量多地拍摄并确认鸟的种类。

现代鸟类分类体系显示，现存鸟类约有9000多种。其中，中国约有鸟类1445种，约占世界鸟类种数的1/6。

参考建议

1 选择什么样的望远镜好呢？答案是选择能够满足观鸟爱好者需要的望远镜。

夜莺

2 除了鸽子、山雀、乌鸦，你还想观察到哪些鸟类呢？观鸟不仅需要运气，还需要多多实践。通过训练，你会发现更多类别的飞禽，并根据它们的叫声判断其身份。

松鸦巢

3 自然生态系统的交界处是观鸟的最佳地点，比如森林边缘地带、河边或者湖畔。

4 千万不要动鸟窝！如果你看见了鸟窝，最好马上离开，尽量不要惊动雌鸟，更不要伤害雏鸟。即便雏鸟从窝里掉下来，也不用管，这很可能是它正在学习飞翔。你在这个时候把它送回窝里，可能会导致鸟妈妈弃巢。

家燕

5 社交网站上有观鸟人的社区，你可以和有相同爱好的人一起交流自己的收获。

金雕

家雀

灰鸽子

大麻鸭
（雌性绿头鸭）

灰乌鸦

大斑啄木鸟

大嘴乌鸦

山雀

灰椋鸟

黑雨燕

燕雀

喜鹊

白鹡鸰

结语

　　我们的书到了结尾，但你的大自然探险之旅才刚刚开始！和爸爸妈妈一起去探险吧！去看，去听，去闻，去摸，去比较，去观察，去提出问题，去寻找答案！别忘了写观察日记哦！

> 　　真正的探险不一定是带着帐篷前往渺无人烟的地方。你只要走出家门，仔细观察周围世界，就可以开启奇妙的大自然探险之旅。

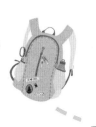

从这里出发，
去大自然里探险吧！